Mathe Pirat

7. Klasse

Lösungsheft

Langenscheidt

Zur Punktevergabe bei den Übungen

Außer bei mehrteiligen Übungen beträgt die maximale Punktzahl jeweils 5.
5 Punkte kannst du dir geben, wenn du die richtige Lösung genau errechnet hast.
0 Punkte gibt es, wenn die Lösung komplett falsch ist.
Wenn du glaubst, nicht völlig daneben zu liegen, d.h. wenn du den Lösungsweg richtig erkannt und vielleicht nur ganz am Ende einen kleinen Rechenfehler gemacht hast, kannst du dir auch mal **4 oder 3 Punkte** geben.
Überlege, wie die Lehrerin oder der Lehrer deine Lösung bei einer Klassenarbeit wohl bewerten würde. Sei ehrlich mit dir selbst!

Umwelthinweis: Gedruckt auf chlorfrei gebleichtem Papier

www.langenscheidt.de
www.mathepirat.de
http://info.mathepirat.de

Satz: Carsten Klein
Gesamtherstellung: Stürtz GmbH, Würzburg

Printed in Germany
Lösungsheft zu ISBN 978-3-468-60024-1

Proportionale Zuordnung

ÜBUNG 1 (Seite 4)

c) 1 Minuten

ÜBUNG 2 (Seite 4)

e) 7,2 l

ÜBUNG 3 (Seite 5)

d) 450 km

ÜBUNG 4 (Seite 5)

Das entspricht 80 €.

Lösungsweg:
Das ist eine proportionale Zuordnung: 100 € = 158 SF
x € = 126,40 SF
x = 100 · 126,40 : 158 = 80

ÜBUNG 5 (Seite 5)

c) 16 km/h

Lösungsweg:
Geschwindigkeit wird immer je Stunde angegeben, also:
40 km in 150 Minuten = x km in 60 Minuten
x = 40 · 60 : 150 = 16

ÜBUNG 6 (Seite 5)

b) 24 km

Umgekehrt proportionale Zuordnung

ÜBUNG 1 (Seite 6)

c) 72 Tage

ÜBUNG 2 (Seite 6)

a) 6 Tage

ÜBUNG 3 (Seite 7)

a) 100 Stunden

ÜBUNG 4 (Seite 7)

Sechs Arbeiter hätten nur 20 Stunden benötigt.

Lösungsweg:
5 Arbeiter: 24 Stunden; 6 Arbeiter: x Stunden; $24 \cdot 5 : 6 = 20$

ÜBUNG 5 (Seite 7)

e) 5 Stunden weniger

Lösungsweg:
5 Arbeiter: 30 Stunden; 6 Arbeiter: x Stunden; $30 \cdot 5 : 6 = 25$

ÜBUNG 6 (Seite 7)

Sechs Arbeiter würden 44 Stunden benötigen.

Lösungsweg:
8 Arbeiter: 33 Stunden
6 Arbeiter: x Stunden
$33 \cdot 8 : 6 = 44$

Vermischte Aufgaben

ÜBUNG 1 (Seite 8)

c) auch 480 kg

ÜBUNG 2 (Seite 8)

a) 64 Sekunden

ÜBUNG 3 (Seite 8)

Die Arbeiten verzögern sich um 16 Tage.

Lösungsweg:
Die ersten 10 Tage verlaufen wie geplant, dann aber: 7 Maurer benötigen 40 Tage, 5 Maurer benötigen x Tage. Das ist eine umgekehrt proportionale Zuordnung: $x = 7 \cdot 40 : 5 = 56$. Das sind 16 Tage mehr als geplant.

ÜBUNG 4 (Seite 9)

Es muss genau 1 Arbeitstag mehr eingeplant werden.

Lösungsweg:
Die ersten 3 Tage bleiben unberücksichtigt, dann gilt (umgekehrt proportional): 10 Arbeiter brauchen 4 Tage, 8 Arbeiter brauchen x Tage. $x = 4 \cdot 10 : 8 = 5$. Die Arbeiten verlängern sich um 1 Tag.

ÜBUNG 5 (Seite 9)

d) 10,200 km

ÜBUNG 6 (Seite 9)

e) 68,75 €

Lösungsweg:
Das ist eine umgekehrt proportionale Zuordnung: je weniger Schüler, desto höher der Preis. 55 Schüler zahlen 60 €, 48 Schüler zahlen x €. $x = 60 \cdot 55 : 48 = 68{,}75$

Berechnung des Prozentwerts

ÜBUNG 1 (Seite 10)

b) 23681€

ÜBUNG 2 (Seite 10)

Das Gerät kostet 256,68€.

ÜBUNG 3 (Seite 11)

a) 513,42€

ÜBUNG 4 (Seite 11)

Das Fahrzeug kostet nun 2208,06€.

Lösungsweg:
Der Preis des neuen Rollers ist der Grundwert, du musst also den Prozentwert berechnen: (2349,00€ · 6) : 100. Der Gegenstand wird also 140,94€ billiger, was du vom alten Preis zu subtrahieren hast:
2349,00€ – 140,94€ = 2208,06€

ÜBUNG 5 (Seite 11)

b) 1565,36€

ÜBUNG 6 (Seite 11)

c) 7,49€

Lösungsweg:
Der Preis der Computer-Maus ist der Grundwert, du musst also den Prozentwert berechnen: (9,99€ · 25) : 100. Der Gegenstand wird also 2,50€ billiger, was du vom alten Preis zu subtrahieren hast:
9,99€ – 2,50€ = 7,49€

Berechnung des Prozentsatzes

ÜBUNG 1 (Seite 12)

a) 15 %

Lösungsweg:
Verlust: 5634,00 € – 4788,90 € = 845,10 €; Verlust in %: 845,10 · 100 : 5634,00 = 15

ÜBUNG 2 (Seite 12)

Der Gewinn beträgt 20 %.

Lösungsweg:
Gewinn: 10 000,00 € – 8634,00 € = 1726,80 €
Grundwert: 8634,00 €; 1726,80 · 100 : 8634,00 = 20

ÜBUNG 3 (Seite 13)

b) 35 % Cola, 26 % Fanta, 23 % Apfelschorle und 16 % ColaMix

Lösungsweg:
Du musst erst wissen, wie viele Flaschen insgesamt verkauft wurden, das ist der Grundwert:
105 + 78 + 69 + 48 = 300
Cola: 105 · 100 : 300 = 35 %; Fanta: 78 · 100 : 300 = 26 %
Apfelschorle: 69 · 100 : 300 = 23 %; ColaMix: 48 · 100 : 300 = 16 %

ÜBUNG 4 (Seite 13)

e) 16 %

ÜBUNG 5 (Seite 13)

16 % der Autos waren zu schnell.

ÜBUNG 6 (Seite 13)

b) 30 %

Berechnung des Grundwerts

ÜBUNG 1 (Seite 14)

Lena bekommt 35 €.

ÜBUNG 2 (Seite 14)

d) 16 055 €

ÜBUNG 3 (Seite 15)

e) 230 €

Lösungsweg:
Der alte Preis wird gesucht, also 100 %. Der neue Preis entspricht also 70 %:
161 € : 70 · 100 = 230 €

ÜBUNG 4 (Seite 15)

a) 25 000 m^2

ÜBUNG 5 (Seite 15)

d) 13,24 €

Lösungsweg:
Hier ist nach dem Wert **vor** der Erhöhung gefragt, also entspricht der neue Wert 105 %:
13,90 € : 105 · 100 = 13,238 €, gerundet 13,24 €

ÜBUNG 6 (Seite 15)

Vorher waren 3 500 000 Menschen arbeitslos.

Preiserhöhung/Preissenkung

ÜBUNG 1 (Seite 16)

d) 391,60 €

ÜBUNG 2 (Seite 17)

Der Roller kostet nun 2400,00 €.

ÜBUNG 3 (Seite 17)

a) 11,99 €

ÜBUNG 4 (Seite 17)

Vorher kostete es 1961,68 €.

ÜBUNG 5 (Seite 17)

e) 3116,87 €

Promille

ÜBUNG 1 (Seite 18)

d) etwa 9 ml

ÜBUNG 2 (Seite 18)

e) etwa 2,75 ml

ÜBUNG 3 (Seite 18)

Man findet etwa 8 ml Alkohol im Blut.

Lösungsweg:
6500 ml · 1,2 : 1000 = 7,8 ml, gerundet ungefähr 8 ml

ÜBUNG 4 (Seite 19)

b) 3204

ÜBUNG 5 (Seite 19)

b) 1,6

ÜBUNG 6 (Seite 19)

d) 2100

Vermischte Aufgaben

ÜBUNG 1 (Seite 20)

Das Auto kostete neu 19 250 €.

Lösungsweg:
Gesucht ist der Grundwert, also 100 %:
$x = 11935 \cdot 100 : 62 = 19250$

ÜBUNG 2 (Seite 20)

c) 77,14 m² beträgt die Grundfläche des Hauses, die Garage wird 15,96 m² groß, die Zufahrt 26,6 m² und die Terrasse 21,28 m².

Lösungsweg:
Haus: $532\,m^2 \cdot 14{,}5 : 100 = 77{,}14\,m^2$
Garage: $532\,m^2 \cdot 3 : 100 = 15{,}96\,m^2$
Zufahrt: $532\,m^2 \cdot 5 : 100 = 26{,}6\,m^2$
Terrasse: $532\,m^2 \cdot 4 : 100 = 21{,}28\,m^2$

ÜBUNG 3 (Seite 20)

a) 12 713,82 €

Lösungsweg:
Man erhält 6 % auf den Preis von 211 897,00 € (Grundwert), also muss der Prozentwert berechnet werden: (211 897,00 € · 6) : 100 = 12 713,82 €.

ÜBUNG 4 (Seite 21)

b) 64 %

ÜBUNG 5 (Seite 21)

d) d

Lösungsweg:
Von 24 Kästchen sind 18 so eingefärbt,
das sind also 18/24 oder 0,75 oder 75 %.

Jahreszins

ÜBUNG 1 (Seite 22)

b) 20,25 €

ÜBUNG 2 (Seite 22)

b) 1350,00 €

ÜBUNG 3 (Seite 22)

Das Kapital beträgt 7800 €.

ÜBUNG 4 (Seite 23)

b) 8350 €

ÜBUNG 5 (Seite 23)

Der Zinssatz beträgt 2,6 %.

ÜBUNG 6 (Seite 23)

b) 4,4 %

Beliebige Laufzeiten

ÜBUNG 1 (Seite 24)

c) 116,67 €

ÜBUNG 2 (Seite 24)

b) 206,25 €

ÜBUNG 3 (Seite 24)

Der Lottogewinn muss 1 275 000 € betragen.

Lösungsweg:
Zinsen in einem Jahr: 12 · 5100 € = 61 200 €
Kapital = 61 200 € · 100 : 4,8 = 1 275 000 €

ÜBUNG 4 (Seite 25)

b) 1 440 000 €

ÜBUNG 5 (Seite 25)

a) 8,19 %

ÜBUNG 6 (Seite 25)

Sie hatte sich das Geld 50 Tage geliehen.

Lösungsweg:
Zunächst wird berechnet, wie viele Zinsen bei 8,6 % für ein Jahr (360 Tage) angefallen wären: (22 987,00 € · 8,6) : 100 = 1976,88 €. Diese 1976,88 € (für 360 Tage) sind aber nicht bezahlt worden, sondern nur 274,57 €. Also rechnen wir aus, wie vielen Tagen das entspricht: (274,57 € · 360) : 1976,88 € = 50 Tage

Addition und Subtraktion

ÜBUNG 1 (Seite 26)

a) –14

b) 16

c) –12

d) 80

e) 15

f) –10

ÜBUNG 2 (Seite 27)

a) –12

b) 13

c) 0

d) 100

e) 25

f) –99

ÜBUNG 3 (Seite 27)

a) $-\frac{9}{20}$

b) $-\frac{19}{36}$

c) $\frac{5}{8}$

d) $-\frac{1}{7}$

e) $-1\frac{1}{6}$

f) $-\frac{11}{30}$

Multiplikation und Division

ÜBUNG 1 (Seite 28)

a) 40

b) –55

c) 160

d) 2000

e) 0,96

f) 0,035

ÜBUNG 2 (Seite 28)

a) $-\frac{1}{6}$

b) $\frac{5}{6}$

c) $-1\frac{2}{3}$

d) $-\frac{1}{6}$

e) 1

f) 0

ÜBUNG 3 (Seite 29)

a) 0,4

b) $-\frac{5}{11}$

c) 0,4

d) 0,2

e) $\frac{2}{3}$

f) $\frac{1}{14}$

ÜBUNG 4 (Seite 29)

a) $-1\frac{1}{3}$

b) $\frac{3}{4}$

c) -3

d) $-\frac{1}{3}$

e) -4

Verbindung der Grundrechenarten

ÜBUNG 1 (Seite 30)

a) 2

b) –110

c) –10

d) 0

e) –1

f) –2

ÜBUNG 2 (Seite 30)

a) –1

b) 99

c) –60

ÜBUNG 3 (Seite 31)

a) –4

b) –98

c) –4

d) 88

e) 16

f) 0

ÜBUNG 4 (Seite 31)

a) 3

b) –320

c) –44

d) 0

e) 34

f) 20

Termwert berechnen

ÜBUNG 1 (Seite 32)

b) $T(2) = -1$

Lösungsweg:
$T(2) = -2 + 1 = -1$

ÜBUNG 2 (Seite 32)

c) $T(-1) = 1$

Lösungsweg:
$T(-1) = 2 \cdot (-1) + 3 = 1$

ÜBUNG 3 (Seite 32)

d) $T(-2) = 5$

Lösungsweg:
$T(-2) = (-2)^2 + 1 = 5$

ÜBUNG 4 (Seite 32)

c) $T(-2) = 1$

Lösungsweg:
$T(-2) = |-2 + 1| = |-1| = 1$

ÜBUNG 5 (Seite 33)

b) $T(\frac{1}{2}) = -\frac{3}{4}$

Lösungsweg:

$T(\frac{1}{2}) = (\frac{1}{2} - 1) \cdot (\frac{1}{2} + 1) = -\frac{1}{2} \cdot \frac{3}{2} = -\frac{3}{4}$

ÜBUNG 6 (Seite 33)

a) $T(-2) = -\frac{3}{4}$

Lösungsweg: $T(-2) = \frac{-2 - 1}{2 - (-2)} = \frac{-3}{4} = -\frac{3}{4}$

Summenterme vereinfachen

ÜBUNG 1 (Seite 34)

a) $2a - 7a + 5a = (2 - 7 + 5) \cdot a = 0$

b) $ab - ab - 10ab = (1 - 1 - 10) \cdot ab = -10ab$

c) $-4x^2 + 11x^2 = (-4 + 11) \cdot x^2 = 7x^2$

d) $2pq - 9pq + pq = (2 - 9 + 1) \cdot pq = -6pq$

ÜBUNG 2 (Seite 35)

a) $2a - 3b + 7a + 5a = 2a + 7a + 5a - 3b = 14a - 3b$

b) $ab - a - 10ab + 3a = -a + 3a + ab - 10ab = 2a - 9ab$

c) $-4x^2 + 11 + x^2 - 5 = -4x^2 + x^2 + 11 - 5 = -3x^2 + 6$

d) $2pq - 9q^2 + pq - 2q^2 = 2pq + pq - 9q^2 - 2q^2 = 3pq - 11q^2$

ÜBUNG 3 (Seite 35)

a) $-8a + 8ab + 3b$

b) $-4xy + y - 4$

c) $2a$

d) $2x^4 + 5xy^3 + y^4$

e) $\frac{3}{4}a - \frac{1}{12}$

Produktterme vereinfachen

ÜBUNG 1 (Seite 36)

a) $2a \cdot (-3b) = -6ab$

b) $p \cdot 11pq = 11p^2q$

c) $-\frac{3}{4}u \cdot \frac{1}{2}v = -\frac{3}{8}uv$

d) $(b \cdot ab) \cdot 8 = 8ab^2$

e) $2x \cdot 5x^2 = 10x^3$

f) $0{,}5r \cdot (-3rst) = -1{,}5r^2st$

ÜBUNG 2 (Seite 36)

a) $-5x \cdot (-2y) = 10xy$

b) $a \cdot 5ab^2 = 5a^2b^2$

c) $-\frac{2}{4}m \cdot \frac{1}{3}n = -\frac{1}{6}mn$

d) $(p \cdot pq) \cdot 2p = 2p^3q$

e) $-5x \cdot 5x^3 = -25x^4$

f) $\frac{1}{2}a \cdot (-5abc) = -\frac{5}{2}a^2bc$

g) $2 \cdot 3x \cdot 5x^2 = 30x^3$

h) $5a^2bc \cdot 3bc^2 = 15a^2b^2c^3$

ÜBUNG 3 (Seite 37)

a) $(4a)^2 = 16a^2$

b) $(-2x)^2 = 4x^2$

c) $(\frac{1}{3}a)^2 = \frac{1}{9}a^2$

d) $(-ab^2)^2 = a^2b^4$

e) $(2ab)^3 = 8a^3b^3$

f) $(-3x)^3 = -27x^3$

g) $(-\frac{2}{3}x)^2 = \frac{4}{9}x^2$

h) $(-3xy)^4 = 81x^4y^4$

ÜBUNG 4 (Seite 37)

a) $(5b)^2 = 25b^2$

b) $(-4d)^2 = 16d^2$

c) $(\frac{2}{4}a)^2 = \frac{1}{4}a^2$

d) $(-ab)^3 = -a^3b^3$

e) $(4mn)^3 = 64m^3n^3$

f) $(-3x^3)^3 = -27x^{27}$

g) $(-\frac{2}{3}m)^2 = \frac{4}{9}m^2$

h) $(-5xy^2)^4 = 625x^4y^{16}$

Klammern auflösen

ÜBUNG 1 (Seite 38)

a) bis d) jeweils $5 + 2a - 3b + c - d$

ÜBUNG 2 (Seite 38)

a) $5 - 2a + 3b - c - d$

b) $5 - 2a + 3b + c - d$

c) $5 + 2a + 3b - c - d$

d) $5 + 2a - 3b - c + d$

ÜBUNG 3 (Seite 39)

a) $4a + 3b + (6a - 10b) - (a + b) = 9a - 8b$

b) $11 - (2x - 3) + (x - 10) - (3 + x) - 1 = -2x$

c) $(u - v) - (u + v) + (2v - 3) + (u - v - 3) - u = -v - 6$

ÜBUNG 4 (Seite 39)

a) $a - [(b + c) + (b - c) + 2a] = -a - 2b$

b) $[(x + 2y) - (3x - 5y)] - (x + y) = -3x + 6y$

c) $1{,}5u - 2v - [2{,}5v + (0{,}5u - 3v)] = u - 1{,}5v$

d) $\frac{2}{3}p + [(\frac{2}{3} - p) - (\frac{1}{6} + p)] - 3\,p = -1\frac{2}{3}p + \frac{1}{2}$

e) $a - \{a - [a - (a-b) + (b - a)]\} + [a + (b - a)] = -a + 3b$

Ausmultiplizieren und Ausklammern

ÜBUNG 1 (Seite 40)

a) $3 + 4 \cdot (a - 2b) = 3 + 4a - 8b$

b) $-2 \cdot (x - 2y + 3z) = -2x + 4y - 6z$

c) $x + \frac{2}{3} \cdot (y - 6z) = x + \frac{2}{3}y - 4z$

d) $p - 1{,}5q \cdot (q - p) = p - 1{,}5q^2 + 1{,}5pq$

e) $a + (b + 2) \cdot c = a + bc + 2c$

f) $ax \cdot (bx - x^2) = abx^2 - ax^3$

g) $1 - u^2 \cdot (-u - 1) = 1 + u^3 + u^2$

h) $34e - 17 \cdot (17 - e^2) = 34e - 289 + 17e^2$

i) $m^2 + m^2 \cdot (m^2 + m^3) = m^2 + m^4 + m^5$

ÜBUNG 2 (Seite 41)

a) $2 - 4 \cdot (u + 2v^2) = 2 - 4u - 8v^2$

b) $5 \cdot (-a - 4b + 2c) = -5a - 20b + 10c$

c) $a + \frac{1}{2} \cdot (-2b - 6c) = a - b - 3c$

d) $x - 3y \cdot (1{,}5x - y^2) = x - 4{,}5xy + 3y^3$

e) $p^2 + (q - 6) \cdot r = p^2 + qr - 6r$

f) $4ax \cdot (4bx - y^2) = 16abx^2 - 4axy^2$

g) $100 - m^2 \cdot (-m - 50) = 100 + m^3 + 50m^2$

h) $25j - 27k \cdot (27 + k^2) = 25j - 729k - 27k^3$

i) $a^2 + a^3 \cdot (a^2 + a^3) = a^2 + a^5 + a^6$

ÜBUNG 3 (Seite 41)

a) $2ab + 3ac = a \cdot (2b + 3c) = 2ab + 3ac$

b) $10a - 5 = 5 \cdot (2a - 1) = 10a - 5$

c) $-x + x^2 = x \cdot (1 - x) = -x + x^2$

d) $\frac{1}{2}x^2 - \frac{2}{3}y = \frac{1}{2} \cdot (x^2 - 3y) = \frac{1}{2}x^2 - \frac{3}{2}y$

e) $u^2 + u^3 = u^2 \cdot (1 + u) = u^2 + u^3$

Vermischte Aufgaben

ÜBUNG 1 (Seite 42)

a) $(a + b) - (a - b) = 2b$

b) $3 \cdot (a - b) - (a + b) = 2a - 4b$

c) $2 \cdot 3 \cdot 5 = 30$

d) $1 \cdot 2 \cdot 3 \cdot 4 \cdot 5 - (1 + 2 + 3 + 4 + 5) = 105$

e) $(-2a)^3 = -8a^3$

f) $(10x + 10y) : 5 = 2x + 2y$

g) $(u + v) : 2 = \frac{1}{2}u + \frac{1}{2}v$

ÜBUNG 2 (Seite 43)

a) $-4a - 4b$

b) $-6x + x^2$

c) $6 + 3a$

d) $72x - 30y$

e) $12ab - 10xy$

f) $-6pq + 8rs$

ÜBUNG 3 (Seite 43)

a) $x \cdot (a - 2b)$

b) $13u \cdot (1 - 2v)$

c) $-11b \cdot (a + 2c)$

d) $a \cdot (a + 1 - b)$

e) $\frac{1}{7}x \cdot (1 - 5y + 3x)$

f) $a \cdot (a^3 + a + 2b)$

$x + b = c$

ÜBUNG 1 (Seite 44)

a) $x - 12 = 18 \quad | + 12$
$x = 30 \quad \rightarrow \mathbb{L} = \{30\}$

b) $x + 7 = -3 \quad | - 7$
$x = -10 \quad \rightarrow \mathbb{L} = \{-10\}$

c) $x - 4 = -2 \quad | + 4$
$x = 2 \quad \rightarrow \mathbb{L} = \{2\}$

d) $x + 4 = 0 \quad | - 4$
$x = -4 \quad \rightarrow \mathbb{L} = \{-4\}$

e) $5 + x = 13 \quad | - 5$
$x = 8 \quad \rightarrow \mathbb{L} = \{8\}$

f) $x - 2 = -2 \quad | + 2$
$x = 0 \quad \rightarrow \mathbb{L} = \{0\}$

ÜBUNG 2 (Seite 45)

a) $a - 20 = 2 \quad | + 20$
$a = 22 \quad \rightarrow \mathbb{L} = \{22\}$

b) $x + 15 = -10 \quad | - 15$
$x = -25 \quad \rightarrow \mathbb{L} = \{-25\}$

c) $b - 22 = -20 \quad | + 22$
$b = 2 \quad \rightarrow \mathbb{L} = \{2\}$

d) $x + 17 = 1 \quad | - 17$
$x = -16 \quad \rightarrow \mathbb{L} = \{-16\}$

e) $15 + b = 13 \quad | - 15$
$b = -2 \quad \rightarrow \mathbb{L} = \{-2\}$

f) $m - 112 = -232 \quad | + 112$
$m = -120 \quad \rightarrow \mathbb{L} = \{-120\}$

ax = c

ÜBUNG 1 (Seite 46)

a) $3x = 18$ $\quad | : 3$
$x = 6$ $\quad \rightarrow \mathbb{L} = \{6\}$

b) $-9x = 5$ $\quad | : (-9)$
$x = -\frac{5}{9} \rightarrow$ $\quad \mathbb{L} = \{-\frac{5}{9}\}$

c) $\frac{3}{4}x = -6$ $\quad | : \frac{3}{4}$
$x = -8$ $\quad \rightarrow \mathbb{L} = \{-8\}$

d) $-\frac{1}{4}x = -2$ $\quad | \cdot (-4)$ oder $: (-\frac{1}{4})$
$x = 8$ $\quad \rightarrow \mathbb{L} = \{8\}$

e) $10x = 0$ $\quad | : 10$
$x = 0$ $\quad \rightarrow \mathbb{L} = \{0\}$

f) $-0{,}25x = -0{,}5$ $\quad | \cdot (-4)$ oder $: (-0{,}25)$
$x = 2$ $\quad \rightarrow \mathbb{L} = \{2\}$

ÜBUNG 2 (Seite 47)

a) $12a = 24$ $\quad | : 12$
$a = 2$ $\quad \rightarrow \mathbb{L} = \{2\}$

b) $-92b = 5$ $\quad | : (-92)$
$b = -\frac{5}{92}$ $\quad \rightarrow \mathbb{L} = \{-\frac{5}{92}\}$

c) $\frac{2}{5}x = -22$ $\quad | : \frac{2}{5}$
$x = -55$ $\quad \rightarrow \mathbb{L} = \{-55\}$

d) $-\frac{1}{3}m = -5$ $\quad | : (-\frac{1}{3})$
$m = 15$ $\quad \rightarrow \mathbb{L} = \{15\}$

e) $4{,}5x = 18$ $\quad | : 4{,}5$
$x = 4$ $\quad \rightarrow \mathbb{L} = \{4\}$

f) $-11u = -22$ $\quad | : (-11)$
$u = 2$ $\quad \rightarrow \mathbb{L} = \{2\}$

ax + b = c

ÜBUNG 1 (Seite 48)

a) $2x + 1 = 5$ $\quad | -1$
$x = 2$ $\quad \rightarrow \mathbb{L} = \{2\}$

b) $3x - 4 = 8$ $\quad | +4$
$x = 4$ $\quad \rightarrow \mathbb{L} = \{4\}$

c) $-x - 4 = -8$ $\quad | +4$
$x = 4$ $\quad \rightarrow \mathbb{L} = \{4\}$

d) $0{,}5x + 2 = 0$ $\quad | -2$
$x = -4$ $\quad \rightarrow \mathbb{L} = \{-4\}$

e) $6x - 10 = 50$ $\quad | +10$
$x = 10$ $\quad \rightarrow \mathbb{L} = \{10\}$

f) $3x + 4 = 7$ $\quad | \; 4$
$x = -1$ $\quad \rightarrow \mathbb{L} = \{-1\}$

ÜBUNG 2 (Seite 49)

a) $12a + 12 = 12$ $\quad | -12$
$a = 0$ $\quad \rightarrow \mathbb{L} = \{0\}$

b) $4u - 12 = -8$ $\quad | +12$
$u = 1$ $\quad \rightarrow \mathbb{L} = \{1\}$

c) $-12x - 12 = 12$ $\quad | +12$
$x = -2$ $\quad \rightarrow \mathbb{L} = \{-2\}$

d) $0{,}25m + 2{,}5 = 0$ $\quad | -2{,}5$
$m = -10$ $\quad \rightarrow \mathbb{L} = \{-10\}$

e) $12x - 148 = 24$ $\quad | +148$
$x = 14{,}\overline{3}$ $\quad \rightarrow \mathbb{L} = \{14{,}\overline{3}\}$

f) $-30k + 40 = 70$ $\quad | -40$
$k = -1$ $\quad \rightarrow \mathbb{L} = \{-1\}$

Gleichungen mit Probe

ÜBUNG 1 (Seite 50)

a) $11x + 5 = 16x$	$\mathbb{L} = \{1\}$	Probe: l. S.: 16	r. S.: 16
b) $-3x = 6x + 9$	$\mathbb{L} = \{-1\}$	Probe: l. S.: 3	r. S.: 3
c) $8x - 11 = -2x$	$\mathbb{L} = \{1{,}1\}$	Probe: l. S.: –2,2	r. S.: –2,2
d) $-0{,}1x + 6 = 0{,}2x$	$\mathbb{L} = \{20\}$	Probe: l. S.: 4	r. S.: 4
e) $\frac{1}{2}x + \frac{1}{3} = \frac{1}{6}x$	$\mathbb{L} = \{-1\}$	Probe: l. S.: $-\frac{1}{6}$	r. S.: $-\frac{1}{6}$
f) $\frac{3}{7}x = \frac{2}{5}x - \frac{1}{5}$	$\mathbb{L} = \{-7\}$	Probe: l. S.: –3	r. S.: –3

ÜBUNG 2 (Seite 51)

a) $-2x + 8 = 13x + 5$	$\mathbb{L} = \{0{,}2\}$	Probe: l. S.: 7,6	r. S.: 7,6
b) $-4 - 7x = -5 - 11x$	$\mathbb{L} = \{-0{,}25\}$	Probe: l. S.: –2,25	r. S.: –2,25
c) $-5x + 10 = 11x + 2$	$\mathbb{L} = \{0{,}5\}$	Probe: l. S.: 7,5	r. S.: 7,5
d) $0{,}4x - 2{,}1 = 1{,}6x + 0{,}3$	$\mathbb{L} = \{-2\}$	Probe: l. S.: –2,9	r. S.: –2,9
e) $\frac{1}{3}x + 14 = 14 - \frac{1}{8}x$	$\mathbb{L} = \{0\}$	Probe: l. S.: 14	r. S.: 14
f) $3x - 13 = -22 - 7x$	$\mathbb{L} = \{-0{,}9\}$	Probe: l. S.: –15,7	r. S.: –15,7
g) $\frac{1}{8}x - 2 = \frac{1}{4}x + 4$	$\mathbb{L} = \{-48\}$	Probe: l. S.: –8	r. S.: –8

Flächeninhalte

ÜBUNG 1 (Seite 52)

e) 112 cm

Lösungsweg:
Fläche des Parallelogramms: 64 cm · 42 cm = 2688 cm^2
Grundseite des Dreiecks: 2688 cm^2 · 2 : 48 cm = 112 cm

ÜBUNG 2 (Seite 52)

Der Bauer erhält 433 086 €.

Lösungsweg:
A: 91 m · 28 m = 2548 m^2
B: 45 m · 33,5 m = 1507,5 m^2
C: 31 m · 53 m = 1643 m^2
2548 m^2 + 1507,5 m^2 + 1643 m^2 = 5698,5 m^2
5698,5 m^2 · 76 €/m^2 = 433 086 €

ÜBUNG 3 (Seite 53)

c) 7,5 m^2

ÜBUNG 4 (Seite 53)

Das Segel ist 6,25 m hoch.

Lösungsweg:
Das Segel ist ein Dreieck: 7,5 m^2 · 2 : 2,4 m = 6,25 m

ÜBUNG 5 (Seite 53)

a) 25,50 m

ÜBUNG 6 (Seite 53)

e) 60 cm

Volumenberechnungen

ÜBUNG 1 (Seite 54)

Es sind 10 000 000 Liter Öl ins Meer geflossen.

Lösungsweg:
$10\,km^2 = 10\,000\,000\,m^2 = 100\,000\,000\,000\,cm^2$
$100\,000\,000\,000\,cm^2 \cdot 0{,}1\,cm = 10\,000\,000\,000\,cm^3$
$1000\,cm^3 = 1\,l$, also sind $10\,000\,000\,000\,cm^3 = 10\,000\,000\,l$

ÜBUNG 2 (Seite 54)

e) viermal so viel

Lösungsweg:
1. Quader: $4\,cm \cdot 5\,cm \cdot 3\,cm = 60\,cm^3$
2. Quader: $8\,cm \cdot 10\,cm \cdot 3\,cm = 240\,cm^3$

Der 2. Quader hat also viermal soviel Volumen ($60 \cdot 4 = 240$).

ÜBUNG 3 (Seite 55)

c) $18{,}50\,m^3$

Lösungsweg:
$5{,}80\,m \cdot 4{,}50\,m \cdot 0{,}70\,m = 18{,}27\,m^3$, das sind gerundet $18{,}5\,m^3$.

ÜBUNG 4 (Seite 55)

a) $14{,}5\,m^3$

Lösungsweg:
Die Grube ist ein normaler Quader, also $0{,}6\,m \cdot 5{,}25\,m \cdot 4{,}55\,m = 14{,}3325\,m^3$, gerundet $14{,}5\,m^3$.

ÜBUNG 5 (Seite 55)

Der Wasserspiegel sinkt um 4,8 cm.

Lösungsweg:
Der Quader steht mit 40 cm in der Wanne.
Das ergibt ein Volumen von $40\,cm \cdot 30\,cm \cdot 20\,cm = 24\,000\,cm^3$, das durch Wasser ersetzt werden muss. Die Grundfläche der Wanne ist $100\,cm \cdot 50\,cm = 5000\,cm^2$.
Also ist die nun fehlende Wasserhöhe $24\,000\,cm^3 : 5000\,cm^2 = 4{,}8\,cm$.

Winkel an Kreuzungen

ÜBUNG 1 (Seite 56)

$\alpha_1 = \gamma_1 = 116°$
$\alpha_2 = \gamma_2 = 116°$

ÜBUNG 2 (Seite 57)

$\beta_1 = \delta_1 = 180° - \alpha_1 = 64°$
$\alpha_1 = \gamma_1 = 116°$

ÜBUNG 3 (Seite 57)

$\gamma_2 = \alpha_1 = 116°$

ÜBUNG 4 (Seite 57)

$\delta_2 = 180° - \alpha_1 = 64°$

ÜBUNG 5 (Seite 57)

$\delta_1 = \delta_2 = 64°$

Winkelsumme im Dreieck

ÜBUNG 1 (Seite 58)

$\beta = 90° - \alpha = 56°$ (CE ⊥ CD)

ÜBUNG 2 (Seite 58)

$\gamma = 90° - \beta = 34° = \alpha$ (BC ⊥ AC)

ÜBUNG 3 (Seite 58)

$\delta = \alpha + \beta + \gamma = 124°$ (Stufenwinkel)

ÜBUNG 4 (Seite 59)

$\beta = 180° - \alpha = 123°$ (Nebenwinkel, Stufenwinkel)

ÜBUNG 5 (Seite 59)

$\gamma = 180° - 90° - \alpha = 33°$ (Winkelsumme im Dreieck, Wechselwinkel)

ÜBUNG 6 (Seite 59)

$\delta = 180° - \gamma = 147°$ (Nebenwinkel, Stufenwinkel)

Winkelsumme in Vielecken

ÜBUNG 1 (Seite 60)

c) 540°

Lösungsweg:
$(5 - 2) \cdot 180° = 540°$

ÜBUNG 2 (Seite 60)

Die Winkelsumme im Sechseck beträgt 720°.

Lösungsweg:
$(6 - 2) \cdot 180° = 720°$

ÜBUNG 3 (Seite 60)

d) das Neuneck

ÜBUNG 4 (Seite 61)

das Siebeneck

ÜBUNG 5 (Seite 61)

$\gamma = 90°$

$\delta = 110°$

ÜBUNG 6 (Seite 61)

$\alpha_1 = 32°$

$\alpha_2 = 32°$

$\beta = 64°$

$\delta_1 = 84°$

$\delta_2 = 96°$

Achsensymmetrie

ÜBUNG 1 (Seite 62)

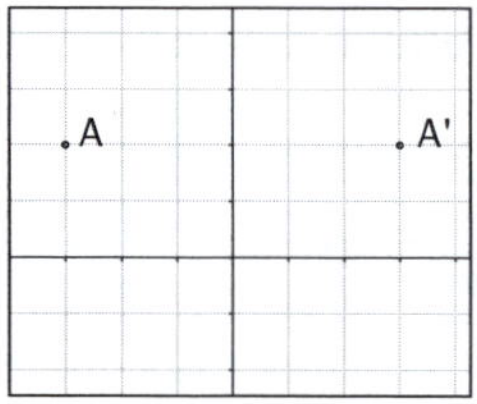

b) A'(3|2)

Lösungsweg:
Z. B. mit dem Geodreieck ein Lot von A auf die Achse einzeichnen und seine Länge verdoppeln.

ÜBUNG 2 (Seite 62)

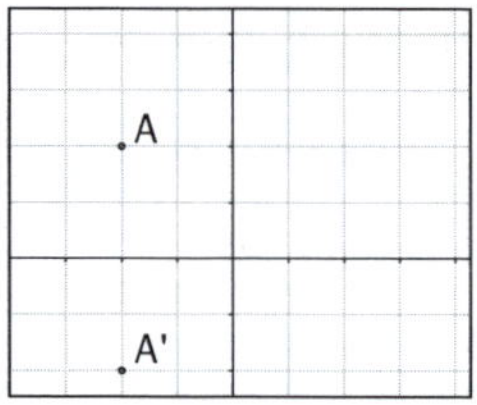

der Punkt A'(–2|–2)

ÜBUNG 3 (Seite 63)

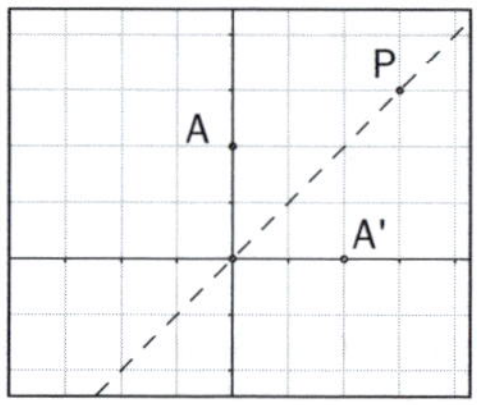

a) A'(2|0)

ÜBUNG 4 (Seite 63)

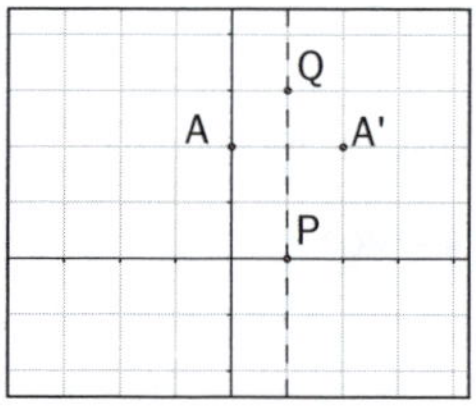

der Punkt A'(2|2)

ÜBUNG 5 (Seite 63)

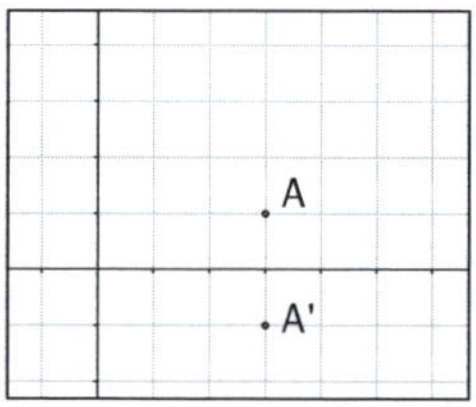

d) die x-Achse

Lösungsweg:
Die Symmetrieachse ist die Mittelsenkrechte der Strecke [AA'].

ÜBUNG 6 (Seite 63)

Der Buchstabe A ist achsensymmetrisch.

Punktsymmetrie

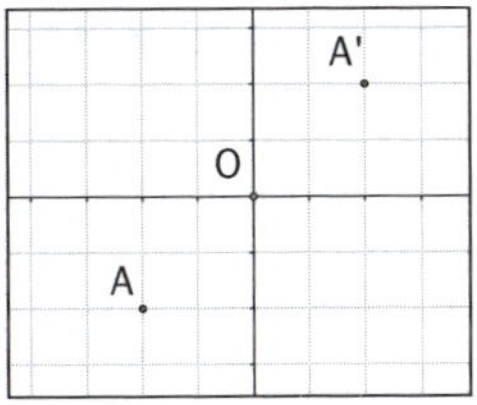

ÜBUNG 1 (Seite 64)

b) A'(2|2)

Lösungsweg:
Strecke [AO] bei O um $\overline{AO}$ verlängern, z. B. mit einem Zirkel, ergibt A'.

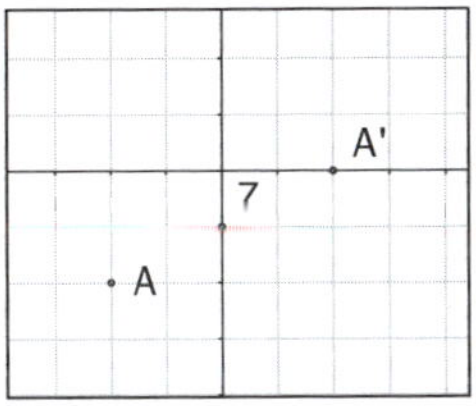

ÜBUNG 2 (Seite 64)

Der Spiegelpunkt heißt A'(2|0).

Lösungsweg:
Strecke [AZ] bei Z um $\overline{AZ}$ verlängern, ergibt A'.

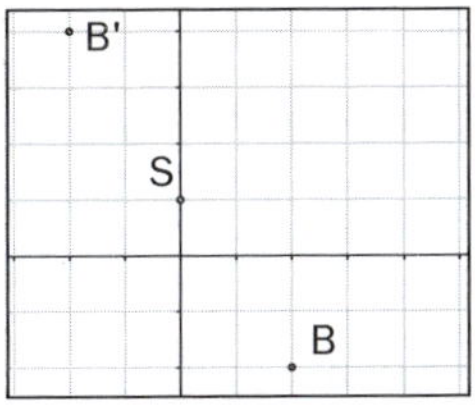

ÜBUNG 3 (Seite 65)

e) B'(–2|4)

Lösungsweg:
Strecke [BS] bei S um $\overline{BS}$ verlängern, ergibt B'.

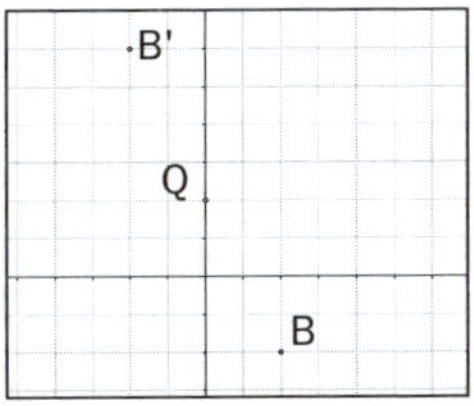

ÜBUNG 4 (Seite 65)

Der Spiegelpunkt heißt B'(2|2).

Lösungsweg:
Strecke [BQ] bei Q um $\overline{BQ}$ verlängern, ergibt B'.

ÜBUNG 5 (Seite 65)

b) Z'(1|0)

Lösungsweg:
Das Symmetriezentrum ist der Mittelpunkt der Strecke [CC'].

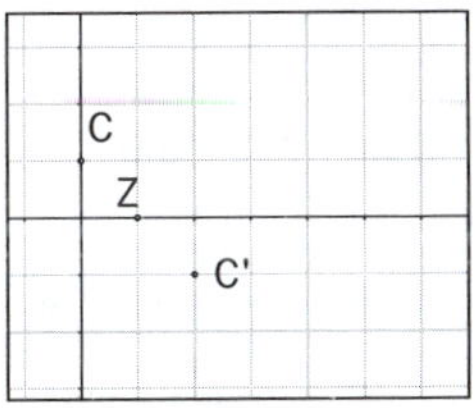

ÜBUNG 6 (Seite 65)

Der Buchstabe N ist punktsymmetrisch.

Vermischte Aufgaben

ÜBUNG 1 (Seite 66)

Die Fläche ist 1 300 cm² groß.

Lösungsweg:
Die Fläche lässt sich in zwei Rechtecke teilen, eins ist 40 cm breit und 20 cm lang, das zweite 20 cm breit und 25 cm lang. Dann gilt: $40\,cm \cdot 20\,cm + 20\,cm \cdot 25\,cm = 1\,300\,cm^2$

ÜBUNG 2 (Seite 66)

c) $86\,400\,cm^3$

Lösungsweg:
Der Körper setzt sich aus zwei Quadern zusammen:
$18\,cm \cdot 80\,cm \cdot 40\,cm = 57\,600\,cm^3$
$36\,cm \cdot 20\,cm \cdot 40\,cm = 28\,800\,cm^3$
$57\,600\,cm^3 + 28\,800\,cm^3 = 86\,400\,cm^3$

ÜBUNG 3 (Seite 66)

a) 8,2 cm

ÜBUNG 4 (Seite 67)

a) Gleichseitiges Dreieck

ÜBUNG 5 (Seite 67)

$\alpha + \beta + \gamma = 5\beta + \beta + 100°48' = 180°$ (Winkelsumme im Dreieck) → $6\beta = 79°12'$ → $\beta = 13°12'$ → $\alpha = 180° - 100°48' - 13°12' = 66°$

ÜBUNG 6 (Seite 67)

$\alpha = 120°$ $\beta = 72°$ $\gamma = 24°$ $\delta = 144°$

ÜBUNG 7 (Seite 67)

$\alpha_1 = 180° - (62° + 71°) = 47°$ (Nebenwinkel)
$\gamma_1 = 62°$ (Scheitelwinkel)
$\alpha_2 = 180° - \beta_2 = 133°$ (Nebenwinkel)
$\alpha_3 = 71°$ (Stufenwinkel)

$\beta_1 = 71°$ (Scheitelwinkel)
$\delta_1 = \alpha_1 = 47°$ (Scheitelwinkel)
$\beta_2 = \delta_1 = 47°$ (Wechselwinkel)
$\beta_3 = 180° - \beta_1 = 109°$ (Nachbarwinkel)

Mittelwert

ÜBUNG 1 (Seite 68)

b) 1,5

Lösungsweg:
(–2 + 0 + 3 + 5) : 4 = 1,5

ÜBUNG 2 (Seite 68)

b) M (2,5|–0,5)

Lösungsweg:
Differenz x-Achse: 7,5 – (–2,5) = 10
Differenz y-Achse: –4,5 – (+3,5) = –8
Also gilt für x: 7,5 – 5 = 2,5 und für y: –4,5 – (–4) = –0,5

ÜBUNG 3 (Seite 69)

Der Notendurchschnitt beträgt: 3,2

Lösungsweg:
(2 · 1 + 5 · 2 + 5 · 3 + 4 · 4 + 3 · 5 + 1 · 6) : 20

ÜBUNG 4 (Seite 69)

b) 1,60 m

Lösungsweg:
Welche Zahl ergibt zusammen mit 1,55 und 1,60 den Mittelwert 1,60?
Antwort: 1,65, weil (1,55 + 1,60 + 1,65) : 3 = 1,60
Also ist Laila 1,60 m groß.

Relative Häufigkeit

ÜBUNG 1 (Seite 70)

e) 12%

ÜBUNG 2 (Seite 70)

	Lukas	Tobias	Dragomir
h	$\frac{15}{20}$ = 75%	$\frac{12}{15}$ = 80%	$\frac{7}{10}$ = 70%

Tobias ist der Beste.

ÜBUNG 3 (Seite 71)

b) 12%

Lösungsweg:
$\frac{120}{1000} = \frac{12}{100} = 12\%$

ÜBUNG 4 (Seite 71)

e) 60%

Lösungsweg:
$\frac{6}{10} = \frac{60}{100} = 60\%$

ÜBUNG 5 (Seite 71)

Die relative Häufigkeit der Brillenträger beträgt 40%.

Lösungsweg:
$\frac{4}{10} = \frac{40}{100} = 40\%$

ÜBUNG 6 (Seite 71)

d) 30%

Lösungsweg:
$\frac{3}{10} = \frac{30}{100} = 30\%$

Knobelaufgaben

ÜBUNG 1 (Seite 72)

d) 45 m

ÜBUNG 2 (Seite 72)

e) 78 Kühe und 93 Hühner

ÜBUNG 3 (Seite 72)

e) Die 7-Minuten Uhr einmal, die 11-Minuten Uhr zweimal

Lösungsweg:
Man dreht beide Sanduhren gleichzeitig um. Nach 7 Minuten startet man aber erst die Zeitmessung von 15 Minuten. Zu diesem Zeitpunkt sind in der 11-Minuten-Sanduhr noch 4 Minuten übrig. Wenn die 11-Minuten-Sanduhr dann nach 4 Minuten durchgelaufen ist, dreht man sie nochmal um. Nach weiteren 11 Minuten ist sie durchgelaufen und hat vom Beginn der Zeitmessung 4 Minuten + 11 Minuten = 15 Minuten gebraucht. So wurde die 7-Minuten-Sanduhr einmal und die 11-Minuten-Sanduhr zweilmal gedreht.

ÜBUNG 4 (Seite 73)

Auch wenn einige Sänger erkranken: Der Schulchor braucht für das Lied trotzdem 8 Minuten.

ÜBUNG 5 (Seite 73)

c) 75°

Lösungsweg:
Der Winkel zwischen zwei Stundenmarken beträgt 360° : 12 = 30°.
Der kleine Zeiger steht genau in der Mitte zwischen der 3-Uhr-Marke und der 4-Uhr-Marke.
Der gesuchte Winkel ist also $2\frac{1}{2} \cdot 30° = 75°$.

ÜBUNG 6 (Seite 73)

b) nein

ÜBUNG 7 (Seite 73)

d) um 200 %

Abschlusstest

ÜBUNG 1 (Seite 74)

Das Tanken dauert 48 Sekunden.

ÜBUNG 2 (Seite 74)

a) um eineinhalb Tage

ÜBUNG 3 (Seite 74)

e) 14,47 €

Lösungsweg:
Hier ist nach dem Preis **vor** der Erhöhung gefragt, also entspricht der neue Preis 103 %:
14,90 € : 103 · 100 = 14,466 €, gerundet 14,47 €

ÜBUNG 4 (Seite 75)

Man teilt durch einen Bruch, indem man mit dem Kehrbruch multipliziert.

$\frac{3}{2} \cdot \left(-\frac{3}{1}\right) = -4\frac{1}{2}$

ÜBUNG 5 (Seite 75)

$3x^2 + 4x - 7 - x + 11x^2 - 5x^2 + 9 + x = 9x^2 + 4x + 2$

ÜBUNG 6 (Seite 75)

$3x + 7 = 10x - 2$ $\mathbb{L} = \{1\frac{2}{7}\}$

Probe: l. S.: $10\frac{6}{7}$ r. S.: $10\frac{6}{7}$

Abschlusstest

ÜBUNG 7 (Seite 76)

b) $407{,}38\,m^2$

Lösungsweg:
Ganze Fläche: $18{,}27\,m \cdot 36{,}57\,m = 668{,}1339\,m^2$
Rote Fläche: $10{,}97\,m \cdot 23{,}77\,m = 260{,}7569\,m^2$
$668{,}1339\,m^2 - 260{,}7569\,m^2 = 407{,}377\,m^2$ oder $407{,}38\,m^2$

ÜBUNG 8 (Seite 76)

$\alpha^* = \beta + \gamma = 108{,}77°$ (Außenwinkel) → $\alpha = 71{,}23°$ (Nebenwinkel)
$\gamma^* = \alpha + \beta = 117°43'12'' = 117{,}72°$ (Außenwinkel) → $\gamma = 62{,}28°$ (Nebenwinkel)
$\beta^* = \alpha + \gamma = 133{,}51°$ (Außenwinkel) → $\beta = 46{,}49°$ (Nebenwinkel)

ÜBUNG 9 (Seite 76)

Der Buchstabe I ist punktsymmetrisch.

ÜBUNG 10 (Seite 77)

c) 57,5 km

Lösungsweg:
(40 + 60 + 50 + 80) km : 4 = 57,5 km